AF404564

# NOTICE

SUR

# CHABETOUT ET SES SOURCES MINÉRALES

PAR

## MM. Ossian HENRY Père

membre de l'Académie impériale de Médecine et chef de ses Travaux chimiques, membre de la Société d'Hydrologie médicale de Paris, chevalier de la Légion d'honneur, etc.

ET

## Ernest BARRUEL

ancien Préparateur de chimie à la Faculté de Médecine de Paris

SUIVIE DE

# CONSIDÉRATIONS MÉDICALES SUR CES EAUX MINÉRALES

PAR M. LE DOCTEUR

## Ossian HENRY Fils

médecin auxiliaire à l'Hôtel impérial des Invalides, chef adjoint des Travaux chimiques de l'Académie impériale de Médecine, membre de la Société d'Hydrologie médicale, etc.

———◦◦◦———

## DÉPOT GÉNÉRAL A PARIS

A LA

## Pharmacie-Droguerie Traverse et J. Saluce neveu

**20, RUE DES LOMBARDS**

———◦◦◦———

# PARIS

LITHOGRAPHIE PRODHOMME, 6, RUE DE JARENTE.

—

1858

# NOTICE

SUR

## CHABETOUT ET SES SOURCES MINÉRALES

PAR

MM. Ossian HENRY Père et Ernest BARRUEL

Aujourd'hui que la science médicale tend à revenir tous les jours des erreurs dans lesquelles la jetait sans cesse la médecine chimique, surtout en ce qui regarde les eaux minérales ; lorsque cette science croyait, par le mélange de quelques sels, remplacer avantageusement l'action si complexe des eaux minérales naturelles, on recherche, disons-nous, avec empressement, les sources minérales qui méritent réellement ce titre par la nature, le nombre et l'efficacité de leurs éléments minéraux fixes ou gazeux, afin de multiplier ces établissement thermaux si précieux, où les malades vont puiser, sinon toujours la guérison, du moins un soulagement à leurs maux.

Une considération de premier ordre pour le succès d'une eau minérale, c'est que, par la fixité et la nature de ses éléments, elle puisse supporter le transport au loin en conservant toutes ses propriétés médicinales, afin de pouvoir être utilisée en boisson par les personnes qui ne peuvent se rendre sur les lieux, ou qui désirent, pendant la mauvaise saison, continuer l'usage d'une boisson salutaire.

Pour qu'une source minérale soit érigée en établissement thermal, il faut qu'elle réunisse plus d'une condition essentielle :

1° Que la source soit située dans un lieu d'un abord facile et en communication directe avec les grands centres de population ;

2° Que l'établissement se trouve dans une localité qui présente une nature variée et riche en sites pittoresques ; cette dernière condition, qui paraît futile en apparence, est cependant d'une grande importance au point de vue des malades, car le plus souvent, aux eaux, ils sont seuls et privés des soins et des amitiés de famille ; or, s'ils ne rencontrent pas dans le paysage qui les environne des distractions naturelles, l'ennui, cet ennemi de toute guérison, les vient prendre au cœur et anéantit ou retarde l'effet bienfaisant qu'ils attendent de l'usage des eaux ;

3° La source doit être abondante ;

4° Enfin, il faut que l'eau ait des propriétés bien constatées et une composition chimique parfaitement connue.

Nous allons prouver que la source minérale de Chabetout réunit toutes ces conditions, et que les médecins peuvent lui accorder leur confiance.


## *Situation géographique de la source.*


Chabetout est situé dans le département du Puy-de-Dôme, arrondissement d'Issoire, canton d'Ardes-sur-Couze, sur les confins de ce département et de celui du Cantal.

Le chemin de fer (le Grand-Central) conduit du nord ou du sud le voyageur, soit jusqu'à Issoire, soit jusqu'au Breuil ; une route plate et parfaitement entretenue mène de ces deux endroits à l'établissement.

Par Saint-Germain-Lambron, le midi a un facile accès à Chabetout.


## *Situation topographique.*


Chabetout est situé au commencement d'une vallée qui porte le nom de la vallée de la Rivière-l'Évêque ; elle tire son nom d'un torrent connu sur les cartes sous le nom de la Couze, et qui, à cet endroit, prend le nom de l'Évêque en souvenir d'une ancienne église, dont les restes existent encore aujourd'hui sur le chemin de la source minérale, et présentent aux recherches des archéologues un curieux spécimen de l'architecture romane polychrome.

La Couze est un torrent qui parcourt une longue et charmante vallée, au milieu de sites d'un aspect féerique ; les con-

tours de cette rivière sont couverts d'ombrages frais et gra-
cieux. La vallée, très-étroite, est encaissée par des montagnes,
du haut desquelles on jouit d'un panorama admirable.

C'est ici l'occasion de dire que l'on va souvent loin de la
France pour admirer une nature moins gracieuse et moins
grandiose que celle que présente, dans une grande partie de
son étendue, notre vieille Auvergne, si riche en souvenirs et en
beautés naturelles.

Le pays est riche en gibier de toute sorte, et l'on y pêche en
abondance la truite, ce roi des poissons.

Non loin de la ville d'Ardes, on voit s'élever des montagnes
déjà dignes de porter ce nom, et au sommet desquelles le voyageur aperçoit des restes nombreux de la domination féodale ;
certains d'entre eux ont même un reflet historique qui n'est
pas sans importance.

Nous citerons, par exemple, la montagne de Mercœur, au
haut de laquelle existent des ruines attestant la puissance des
comtes de ce nom.

Non loin de Mercœur, et presque en face, le touriste peut visiter une montagne basaltique d'un aspect vraiment grandiose,
désignée sous le nom de la montagne de Chausse.

Quoi de plus saisissant que la position des villages des Roches
et de Rentière, au bas desquels coule, dans un ravin profond, le
torrent de la Couze ?

Près du village de Saint-Gervasy, se trouve une ruine encore
assez bien conservée, d'un vieux château fort, le Montcelet.

En face de Mercœur s'élève une montagne volcanique, le
Sarran, qui présente une masse imposante par son aridité et
son élévation.

A quelques lieues de là, commence un pays d'aspect plus
sauvage et plus magnifique encore : je veux parler du pays de
montagnes proprement dit. Je citerai Saint-Allyre-des-Mon-
tagnes, Anzat-le-Luguet, les montagnes de la Godivelle, où le
voyageur étonné rencontre deux lacs qui occupent, à n'en pas
douter, le cratère d'anciens volcans.

Est-il rien de plus intéressant qu'une excursion à Briom, au
milieu des pâturages qui servent à l'élevage des troupeaux,
dont le lait, transformé sur les lieux mêmes en fromage, est
une des richesses du pays ? On a beaucoup de plaisir à visiter
les espèces de chalets où s'exécute ce travail, et l'on se croirait
transporté dans un canton suisse.

Le voyageur ami des sciences naturelles trouve une ample
compensation à ses fatigues par une abondante récolte d'es-

pèces minérales et végétales, la minéralogie et la botanique étant dignement représentées dans ces montagnes.

Nous en avons dit assez pour faire comprendre combien, par sa situation, l'Établissement de Chabetout, situé au milieu d'un pays aussi accidenté, est parfaitement approprié à sa destination.

## *Situation géologique des sources. — Leur nombre et leur volume d'eau.*

Les sources ou griffons sont, pour le moment, au nombre de cinq ; elles sortent d'une roche micaschisteuse compacte, au bas du versant de la colline regardant le midi ; de plus, sur la rive gauche de la Couze, un chemin carrossable conduit à l'Établissement.

Depuis bientôt deux ans que l'on travaille aux sources, leur volume d'eau a été sans cesse en augmentant ; ce volume est, pour vingt-quatre heures, de 180,000 litres. Les sources, émergeant du rocher même, offrent l'assurance d'une conservation parfaite, et il n'y a nulle crainte à redouter pour des dérangements de terrain funestes à la prospérité de l'Établissement.

La roche micaschisteuse, que traversent les sources, est imprégnée de petits cristaux de pyrites ferrugineuses, renfermant des traces infinitésimales d'arsénio-sulfure de fer ; c'est à ces pyrites que l'on doit la présence, dans l'eau de Chabetout, d'une quantité très-notable de sels de fer et de produits arsenicaux. Aussi, M. Mallay, le consciencieux architecte de Clermont, chargé de la disposition de l'Établissement, a-t-il pris toutes les précautions nécessaires pour conserver à l'eau minérale toutes ses propriétés.

## *Nature et composition de l'eau minérale de Chabetout.*

Cette eau, analysée partie sur place, partie dans le laboratoire, par MM. Ossian Henry père et Ernest Barruel, doit être

rangée, par sa nature, parmi les eaux froides gazeuses alcalino-
ferrugineuses.

Sa température s'élève à + 14° centigrades.

Sa saveur est fortement acidule, puis atramentaire (ferrugineuse).

Elle ramène au bleu le papier de tournesol rougi par un acide
faible, après avoir été exposée à l'air ; car, avant, elle doit son
acidité à une proportion considérable d'acide carbonique, dont
la quantité est presque égale au volume d'eau. La quantité du
gaz dégagé par les cinq sources est, à très-peu de chose près,
de 1125 litres dans les vingt-quatre heures. Examiné sur les
lieux par les deux chimistes déjà cités, il a été trouvé formé
d'acide carbonique chimiquement pur, car il est entièrement
soluble dans une solution de potasse caustique. Si l'on verse
cette eau dans une longue éprouvette, et que l'on y ajoute un
léger excès d'acide chlorhydrique, il s'y produit une vive effer-
vescence, et l'eau prend une teinte légèrement opaline ; après
vingt-quatre heures de contact, on trouve au fond de l'éprouvette un léger dépôt floconneux de silice.

La quantité considérable de gaz acide carbonique qui se dé-
gage sera utilisée pour des douches et des bains. L'eau de Chabetout, mise en contact avec du tannin, acquiert une couleur rose
lie de vin, qui va en fonçant avec le temps et devient bleu foncé.

Traitée par quantité suffisante de cyanure rouge de potassium, elle prend immédiatement aussi une couleur bleue bien
franche.

Il est à remarquer que la grande quantité d'acide carbonique
protége singulièrement la persistance de la dissolution des sels
de fer dans cette eau, puisqu'à trois ou quatre mètres de la
source, qui, lors des analyses sur place, s'écoulait sur un terrain pierreux et en nappe mince, le liquide possédait encore une
saveur ferrugineuse très-prononcée, et que le cyanure rouge de
potassium y accusait la présence d'un sel de fer protoxydé ;
cette persistance des sels de fer dans cette eau, à l'état de dissolution, est telle, qu'après une année de séjour en bouteille,
l'on peut encore, à l'aide du tannin, y démontrer la présence de
ce métal dissous. Cette eau renferme peu de sels de chaux et
de magnésie. Le fer y est associé aussi à une petite quantité
de manganèse ; enfin on y reconnaît des traces sensibles d'io-
dures et de bromures alcalins, car il suffit du produit de l'éva-
poration de deux litres pour y trouver la présence de ces deux
sels.

Le dépôt ocracé produit par le contact de l'eau avec l'air,

contient, outre de l'acide apocrénique et par conséquent des apocrénates de fer et de manganèse, des traces sensibles d'arsenic.

La quantité des bicarbonates alcalins que renferme l'eau est, d'après l'analyse de M. Barruel, formée presque par moitié de bicarbonate de soude et de bicarbonate de potasse.

M. Barruel y a également démontré la présence de borates. On y a constaté de plus une quantité appréciable de sels de lithine.

*Résultats analytiques de l'eau de Chabetout*, par **M. Ernest** Barruel.

Pour un litre d'eau :

<pre>
                                                                        grammes.
Acide carbonique, 0lit.848millilit., ou en poids..  .....................  1.6790
    »          »      combiné à la soude et à la potasse.................  0.8637
    »          »        »      à la chaux............................  0.1305
    »          »        »      à la magnésie.........................  0.0080
Sulfate de soude............................................  0.0373
Chlorure de sodium..........................................  0.5543
Silice à l'état de silicates solubles..........................  0.0120
   »        »    de silicates insolubles de chaux et d'alumine...........  0.0825
Soude à l'état de carbonate ....................................  0.4330
Potasse    d°        d°..................................  0.2653
Chaux      d°        d°..................................  0.1660
Magnésie d°        d°..................................  0.0075
Lithine    d°        d°..................................  0.0300
Alumine à l'état de phosphate................................  0.0075
Oxyde de fer (phosphate, carbonate et apocrénate) ..  ...........  0.0471
Iode.
Brome.     }.................................... traces
Arsenic.
Acide borique.  }
   »   apocrénique.  } .................................... indices

              Total des principes minéralisateurs...........  4.3242

Si on retranche l'acide carbonique libre, on a.................  2.6458
</pre>

M. Barruel avait trouvé que le résidu salin du litre d'eau de Chabetout était, en moyenne de trois analyses, du poids de 2 gr. 520 millig.

*Analyse de l'eau Chabetout*, par M. Ossian HENRY père (1).

### Pour un litre d'eau :

|  |  | grammes. |
|---|---|---|
| Acide carbonique, 0lit. 889millil., ou en poids | | 1.760 |
| Bicarbonate de soude | | 1.886 |
| » de potasse | | 0.096 |
| » de chaux | | 0.278 |
| » de magnésie | | 0.180 |
| » de protoxyde de fer avec crénate et silicate | | 0.047 |
| » de manganèse | sensible. | |
| Lithine carbonatée et silicatée | d° | |
| Chlorure de sodium | | 0.225 |
| » de potassium | | 0.093 |
| Sulfate de soude supposé anhydre | | 0.045 |
| » de chaux d° | | 0.010 |
| Acide silicique et silicates | | 0.197 |
| Alumine. Phosphate. Borate. | | 0.048 |
| Iodure | traces. | |
| Matière organique de l'humus | traces. | |
| Principe arsenical uni sans doute au fer | traces. | |

Total des principes minéralisateurs............ 4.865

En retranchant le poids de l'acide carbonique libre, on trouve............ 3.105

Si, comme contrôle de cette dernière analyse, nous calculons les proportions respectives des composés acides ou basiques, nous trouvons les nombres suivants :

### Pour un litre d'eau :

|  |  | grammes. |
|---|---|---|
| Acide carbonique | | 3.397 |
| » sulfurique | | 0.029 |
| » silicique et silicates | | 0.197 |
| » phosphorique, borique. en sels | traces. | |
| » crénique et apocrénique | traces. | |
| Chlore | | 0.181 |
| Iode. Arsenic. | traces. | |
| Potasse | | 0.102 |
| Soude | | 0,749 |
| Chaux | | 0.113 |
| Magnésie | | 0.058 |
| Lithine | sensible. | |
| Alumine | | 0.048 |
| Sesquioxyde de fer | | 0.017 |
| Oxyde de manganèse | sensible. | |
| Matière organique | indices.. | |

Total des principes minéralisateurs............ 4.801

(1) *Bulletin de l'Académie impériale de Médecine*, 1855-56. T. XXI.

Le résultat est des plus rapprochés avec celui de l'analyse directe, puisqu'il n'y a entre eux qu'une différence insignifiante de $0^{gr.}$ $004^{milligr.}$

En examinant avec soin les résultats consignés dans ces deux analyses, il est aisé de voir qu'il y a entre elles une assez grande concordance. La première, faite par M. Barruel et exécutée en grande partie sur des eaux expédiées, est un peu moins riche en principes minéralisateurs ; de plus, la quantité d'acide carbonique libre est également moins considérable que dans la seconde analyse, où l'essai des gaz fut fait simultanément à la source même par MM. O. Henry et Barruel. Quant à la quantité des principes minéralisateurs, plus considérables également dans la seconde analyse, il est facile de s'en rendre compte, c'est qu'à l'époque où elle fut entreprise, le captage était déjà en grande partie fini et permettait de recueillir et de puiser l'eau avec plus de garantie que dans les premiers temps où l'on découvrit la source.

Ces considérations prouvent une fois de plus ce fait, sur lequel nous avons insisté déjà si souvent, que, pour connaître d'une manière exacte la composition d'une source minérale, deux conditions sont indispensables au succès de l'opération :

1° N'opérer l'analyse que quand l'eau est parfaitement captée, et, par suite, mise à l'abri des causes qui peuvent en altérer la composition ;

2° Exécuter autant que possible à la source même certains essais, surtout en ce qui concerne les produits gazeux, dont l'appréciation en d'autres conditions est souvent entachée d'erreurs.

# DE L'EMPLOI MÉDICAL

### DES

# EAUX DE CHABETOUT

### ET EN PARTICULIER

## De leur Influence dans les Maladies des Yeux

PAR

M. Ossian HENRY Fils, D. M. P.

Médecin auxiliaire à l'Hôtel impérial des Invalides, chef adjoint des Travaux chimiques de l'Académie impériale de Médecine, membre de la Société d'Hydrologie médicale de Paris, etc.

Les eaux minérales, qui, depuis l'antiquité, jouissent à un si juste titre d'une réputation méritée comme remèdes contre un grand nombre d'affections diverses, n'ont pas été, que nous sachions, d'un emploi spécial dans le traitement des maladies des yeux. Cependant la plupart des établissements thermaux possèdent des sources qui, d'après certains témoignages authentiques, jouissaient jadis d'une vertu manifeste contre les affections du globe oculaire ; il est peu de stations thermales, en effet, qui ne possèdent une *fontaine des yeux*, car c'est généralement le nom sous lequel on les désigne, et nous citerons à ce sujet celle de Luxeuil (1) signalée par tous ceux qui ont écrit sur ce remarquable établissement ; celle de Sainte-Catherine, à Plombières (2), et plusieurs enfin dans les sources sulfureuses des Pyrénées.

Si l'on compulse les ouvrages qui ont trait à l'hydrologie médicale, on trouve peu de renseignements sur ce sujet, digne cependant, nous le croyons, d'attirer l'attention des praticiens ; et à part un petit nombre de travaux spéciaux, tels que ceux si justement estimés de M. Pétrequin de Lyon (3), sur l'emploi des eaux de Plombières et de celles d'Aix en Savoie dans les maladies des yeux, on ne rencontre guère que des documents

---

(1) Chapelain, *Luxeuil et ses bains*. Br. in-8°, 1857. — Billout, *Eaux thermales de Luxeuil*. Paris, 1857, p. 17, br. in-8°.
(2) O. Henry et Lhéritier, *Hydrologie de Plombières*. Paris, 1855, p. 15-115.
(3) *Annales d'Oculistique*. 1839, p. 29. — Petrequin, *Recherches sur l'action des eaux minérales d'Aix en Savoie dans les maladies des yeux*. Chambéry, 1852.

épars et le récit de quelques observations intéressantes d'ophthalmies, de conjonctivites, de blépharites et autres maladies
souvent guéries ou au moins très-avantageusement modifiées
par les eaux minérales. Mais, disons-le de suite, dans presque
tous ces écrits, c'est surtout au point de vue du traitement général
dirigé contre une diathèse que les auteurs se sont appesantis,
sans s'étendre beaucoup sur une médication spécialement diri-
gée contre l'organe malade. Les eaux sulfureuses sont celles qui
ont été le plus souvent mises à profit, et nous en avons eu des
exemples dans quelques bons mémoires publiés, entre autres,
par Pommier en 1813 (4); puis, après lui, par MM. Bazin (5),
Verdier (6), Silhol (7), Puig (8), Barrie fils (9), et autres. Tous
ces observateurs rapportent quelques faits dignes d'intérêt, et
desquels il ressort que l'eau sulfureuse jouit d'une action manifeste contre les ophthalmies dépendant d'un vice scrofuleux ou
syphilitique, et qui, rebelles à bien des traitements, tendent à
la chronicité et à la récidive. Ces eaux sont données soit en
boisson, soit en bains, en douches ou en affusions.

Les eaux salines ont aussi été expérimentées dans le même
but, et le docteur Viel (10), dans une notice sur les bains de mer
de Cette, rapporte les bons effets de l'eau salée en affusion sur
les paupières.

Les eaux ferrugineuses ont joui également d'une certaine
réputation dans quelques localités ; car Alibert (11), dans son
*Traité des Eaux minérales*, nous dit que les eaux de Cransac ont
été utilement mises en usage par Auzouy contre certaines ophthalmies rebelles, mais il ne donne aucun renseignement sur la
manière dont ce médecin les employait ; aussi ne sait-on pas
comment il en faisait usage, et s'il les administrait à l'intérieur
ou à l'extérieur. Enfin, j'ajouterai que notre collègue, M. le
docteur Constantin James (12), dans son intéressant ouvrage

<hr>

(4) Pommier, *Analyse et propriétés médicales des eaux thermales et minérales des Pyrénées*. 1813, p. 130.

(5) Bazin, *Notice sur les Eaux ferrugineuses et sulfureuses de Casterat-Ver-duzan (Gers)*. Auch, 1841, p. 37.

(6) Verdier, *Eaux hydrosulfureuses de Cauvalat-lès-Vigand (Gard)*. Nîmes, 1845, p. 42.

(7) *Eaux sulfureuses du Vernet*. Montpellier, 1852, p. 67.

(8) Puig, *Notice sur les Eaux thermales alcalines, sulfureuses et non sulfu-reuses d'Olette (Pyrénées-Orientales)*. Perpignan, 1852. 1re série d'observations, p. 84, 85 ; 2me série, p, 35 ; 3me série, 1854, p. 40, 42.

(9) *Thèse inaugurale*. 1853. n° 108, p. 56, 62, 63.

(10) Viel, *Bains de mer de Cette (Hérault)*. Montpellier, 1847, p. 80.

(11) Alibert, *Précis sur les Eaux minérales*. Paris, 1826, p. 356.

(12) C. James, *Guide pratique aux eaux minérales*. 3° édit., 1855, p. 45.

sur les eaux minérales, dit qu'on a encore utilisé contre les maladies du globe oculaire les vapeurs qui se dégagent dans la grotte d'Ammoniaque, voisine de la grotte du Chien, près de Naples, et les douches locales d'acide carbonique sur les paupières à la source Jonas de Bourbon-l'Archambault pour quelques cas d'amaurose.

Quant à l'emploi des eaux acidules proprement dites contre les maladies des yeux, je n'ai jusqu'ici rien vu qui s'y rapportât d'une manière spéciale ; c'est ce qui m'a engagé à publier la note suivante.

Appelé à visiter, pendant le mois de septembre 1856, une nouvelle source découverte au hameau de Chabetout, dans le département du Puy-de-Dôme, déjà si riche en eaux minérales, j'ai eu occasion d'expérimenter cette eau minérale chez plusieurs enfants atteints d'ophthalmies scrofuleuses, et les résultats favorables que j'ai retirés de cette manière d'agir m'ont encouragé à présenter un résumé succinct des avantages que j'ai obtenus, pensant qu'il n'était pas inopportun d'attirer l'attention sur une médication qui, mise en usage par des praticiens habiles, ne peut manquer de devenir une nouvelle resssource dans le traitement de certaines affections contre lesquelles la thérapeutique est si souvent restée impuissante.

Dès mon arrivée dans ce pays, j'ai été douloureusement surpris du nombre considérable d'enfants atteints d'ophthalmies scrofuleuses ; tous n'étaient pas frappés avec la même intensité, mais il est à remarquer que chez tous ceux qui me furent amenés lors de mon séjour à Chabetout, je pus constater, comme coïncidence, les autres manifestations de la diathèse scrofuleuse, et surtout l'engorgement des ganglions du cou. A quelles causes peut-on rapporter cette prédisposition à la scrofule ? — Je ne saurais l'affirmer, mais je crois que la nourriture peu animalisée et presque entièrement végétale dont font usage les habitants de ces contrées n'en est pas la moindre cause.

Le séjour que j'ai fait au milieu de ces montagnes n'a pas été d'assez longue durée pour me permettre de faire un grand nombre d'expériences ; cependant, j'ai obtenu des résultats trop satisfaisants pour ne pas en rapporter l'histoire. Je citerai d'abord deux observations d'ophthalmies scrofuleuses dans lesquelles j'ai pu constater une guérison complète.

*Première observation.* — Le premier enfant que j'ai eu à soigner, X..., touchait à sa septième année ; c'est un garçon fort et bien proportionné pour son âge, mais d'une constitution très-lymphatique. Depuis son enfance, il est atteint d'une ophthalmie scrofuleuse qui, jusqu'ici, n'a pas été guérie, malgré les nombreux remèdes dont on a fait usage. Les yeux sont rouges, enflammés ; il y a beaucoup de photophobie et une abondante sécrétion de larmes. La cornée présente deux ulcérations, et la pression qu'exercent les muscles de l'œil en se contractant paraît, comme cela arrive malheureusement trop souvent dans de semblables affections, faire craindre un ramollissement de cette membrane. Pendant la nuit, les paupières sécrètent une matière sébacée qui en colle les bords libres. Après avoir été traité pendant deux années consécutives sans grand succès, le jeune X... a été amené à Paris, où il a été confié aux soins du docteur Coursserant, qu'une longue pratique a rendu familier avec les affections qui attaquent l'organe de la vue. Pendant un mois, le jeune malade a subi un traitement antiscrofuleux : tisanes amères, iodure de potassium à l'intérieur, et collyres astringents, soit au *borate de soude*, soit au *sulfate de zinc*. Cette médication a été couronnée de succès, et l'enfant, que je vis alors, revint au pays parfaitement guéri, tout du moins semblait le faire présumer. Ceci se passait au mois d'avril 1856 ; malheureusement, les prévisions ne se réalisèrent pas, et lorsque, quelque temps plus tard, je vis X..., au commencement de septembre, les accidents avaient reparu avec plus d'intensité que jamais, et chez lui, comme dans la majorité de ceux qui sont atteints de ce genre d'ophthalmie, tenant à un vice scrofuleux constitutionnel, la maladie tendait à prendre l'état chronique et à récidiver. C'est alors que je conseillai l'emploi de l'eau de Chabetout en compresses sur les yeux ; je les faisais renouveler plusieurs fois dans le courant du jour, et j'obtins ainsi, en moins de dix jours, un amendement complet des symptômes fâcheux que j'avais remarqués chez ce jeune enfant. Je complétai le traitement par une tisane amère, contenant une légère dose d'iodure de potassium, puis je conseillai, dès le début, un purgatif salin, et je fis prendre deux verres d'eau de Chabetout à chaque repas. Ce traitement dura environ trois semaines ; lorsque je quittai le pays, la guérison était complète, mais on continua la médication environ un mois encore après mon départ.

*Deuxième observation.* — Le second enfant, dont je dirai quelques mots, est la sœur du précédent. Agée seulement de trois ans, mademoiselle X... présente un commencement d'ophthalmie scrofuleuse, mais à un degré beaucoup moins marqué : l'œil gauche seul est pris. Mais s'il y a épiphora et photophobie, on ne trouve aucune ulcération à la cornée. L'œil droit n'est pas encore malade; cependant une rougeur insolite des bords libres des paupières fait craindre, avec raison, que la maladie ne l'atteigne bientôt. Le même traitement fut appliqué à cette jeune fille, et en quelques jours tous les accidents furent conjurés.

Je conseillai d'appliquer la même médication à plusieurs enfants de la localité, presque tous appartenant à des meuniers habitant les bords de la Couze, et exposés plus que tous les autres à des changements de température si souvent nuisibles dans de semblables affections.

Chez tous, j'obtins un résultat avantageux, et quoique la guérison, à l'époque où je quittai le pays, ne fût pas complète chez tous ceux qui avaient été confiés à mes soins, un grand nombre au moins étaient soulagés, et il y avait lieu de prévoir chez eux une prochaine convalescence.

Depuis mon retour à Paris, j'ai reçu des nouvelles de plusieurs habitants de Chabetout, et j'ai été heureux d'apprendre, dans les lettres qui m'ont été adressées, que chez tous ces enfants les résultats ont été des plus satisfaisants; chez trois d'entre eux, il y eut récidive, mais quelques jours du même traitement ont suffi pour enrayer les accidents.

Comment l'eau de Chabetout a-t-elle agi dans cette médication? telle est la question importante ici; cependant si l'on considère quelle en est la composition chimique, il est rationnel de penser que son action astringente est due à la fois à l'acide carbonique et aux sels ferreux qu'elle contient. De plus, on y trouve de l'iode et des traces d'arsenic, corps d'une si grande valeur dans le traitement des affections qui dépendent d'un vice scrofuleux. Ajoutons enfin que cette composition chimique, d'après laquelle on a placé l'eau de Chabetout dans les eaux acidules froides alcalino-ferrugineuses, fait comprendre aussi tous les services qu'elle est appelée à rendre dans les affections de l'estomac et du tube digestif; elle est apéritive à un haut degré, et j'ai pu, chez plusieurs malades affectés de gastrites chroniques et de dyspepsies, constater les heureux résultats qu'elle a donnés. Dans des cas de ce genre, elle peut se prendre soit le matin à jeun, à la dose d'un ou deux verres, soit encore aux repas en la mêlant avec le vin, dont elle n'altère nullement la saveur.

L'eau de Chabetout est appelée à agir avec efficacité, soit prise en boisson, soit en bains, soit en douches de diverse nature chez les personnes atteintes de leucorrhées ou d'engorgements indolents du col de l'utérus ; en un mot, elle convient dans le traitement de toutes les affections liées à une débilité générale ou à un vice scrofuleux et nécessitant en première ligne l'emploi des toniques et des altérants.

Enfin, la richesse de cette eau en acide carbonique libre permettra d'établir, pour la prochaine saison, des bains et des douches de ce gaz, dont l'action salutaire a été constatée depuis quelques années dans plusieurs établissements thermaux de l'Allemagne.

En terminant, il nous reste à réclamer l'indulgence pour un travail bien incomplet, sans doute, et dans lequel nous n'avons eu pour but que d'appeler l'attention de nos confrères sur l'action des eaux acidules ferrugineuses et iodurées dans le traitement des ophthalmies scrofuleuses.

Nous serons heureux si, dans ce court exposé des propriétés médicales de l'eau minérale de Chabetout, nous avons pu constater le succès d'une médication qui, en des mains plus habiles que les nôtres, ne peut manquer, nous le croyons fermement, de conduire à de précieux résultats.

Paris. — Typographie de Morris et Comp., rue Amelot, 64.

www.ingramcontent.com/pod-product-compliance
Ingram Content Group UK Ltd.
Pitfield, Milton Keynes, MK11 3LW, UK
UKHW020123100726
13658UKWH00005B/2338